环球探险记

重返古埃及

日知图书◎编著

北方妇女儿童出版社
·长春·

茉莉是个爱好古国文化的小孩儿，今天是她最开心的一天，因为她的哥哥高数终于答应带她去埃及博物馆了！
哈特谢普苏特
哈特谢普苏特是古埃及第十八王朝女王，一般认为她是古埃及历史上第一位女法老。
武则天
武则天是中国历史上第一位也是唯一一位女皇帝。
埃及士兵与努比亚弓箭手木雕
木雕模型展现的是编入古埃及军队的外国雇佣兵部队。褐色肌肤的弓箭手是努比亚人。
兵马俑
中国秦始皇陵随葬的陶兵马雕塑群。陶俑群塑造了不同等级、兵种的秦军将士形象。
出国旅行必备物品清单
身份证
签证
防晒装备
衣物
护照
现金
机票
猫神贝斯特模型
骄傲！
哇！我们要坐飞机去埃及啦！
木乃伊玩具
图坦卡蒙面具抱枕
埃及简介
位置 非洲东北部
面积 100.145万平方千米
人口 约9569万（2016年）
气候 热带沙漠气候

航班信息
要降落了！看，我们到埃及的首都开罗了！
这里可是埃及的工业、商业和金融中心。
坐好，茉莉，这样很危险！
博物馆很远，我们得坐车去。
下飞机后换乘出租车。一路上，他们看到了许多开罗著名地标建筑。
开罗塔
高187米，从展望台可以鸟瞰开罗市，还能看到吉萨金字塔群。
小心！
参观完博物馆，我们去这里吧！
阿卜丁宫
既是政府办公场所也是博物馆群，主要展出银器和17~19世纪的武器等。
解放广场
位于开罗市中心，比邻尼罗河畔。广场面积辽阔，交通便利，紧邻埃及博物馆。
终于到解放广场了！
冲啊！博物馆就在前面。
不要跑，危险！
纸莎草
莲花
看，这两座浮雕女神，一人拿着纸莎草，一人拿着莲花。
分别象征下埃及和上埃及。
埃及博物馆
位于开罗解放广场，博物馆一层按时代顺序展出，二层按门类展出。馆中藏有10余具历代国王的木乃伊。

展厅
The Exhibition Hall
太壮观了！哥，快走，我要去看木乃伊！
茉莉终于进入了她梦寐以求的埃及博物馆，博物馆里的场景比她想象中的还要壮观100倍。茉莉见到了许多大名鼎鼎的古埃及文物。
1 纳尔迈调色板
虽然名为“调色板”，但这块石板的体积已经超出了实用的范畴，因此有人认为这块石板的主要功能是用于祭祀。
牛首人面像代表古埃及神话中爱与美的女神哈索尔。
鹰神荷鲁斯站在6株纸莎草上，表示俘获了6000名俘虏。
2 阿门内姆哈特三世的金字塔顶石
放置在金字塔顶端的石头。
鸟翅膀下的眼睛似乎在凝望着日出。
3 哈夫拉法老坐像
哈夫拉是修建吉萨第二大墓葬群的法老。雕像用岩石雕刻而成，法老头像后面有一只鹰展开双翼，像在保护法老。
代表上埃及的莲花图案和代表下埃及的纸莎草图案交缠在一起，象征着上下埃及的统一。
4 卡培尔像
古埃及最古老的等身木像。雕刻的是第五王朝祭司。据说当工人发掘出这座雕像时，发现雕像与村长很像，所以也称这座雕像为“村长像”。
眼睛是用石英和天然水晶制作而成的。
5 拉胡泰普王子和妻子奈费尔特坐像
椅子上的文字是“认识国王的女子”的意思。

横卧的鲇鱼和下方的凿子组合起来就是“纳尔迈”的意思。
7 图坦卡蒙黄金面具
这是埃及博物馆的镇馆之宝。图坦卡蒙并不是古埃及历史上功绩卓越的法老，即便是这样，他的面具仍然奢华至极，可以想象古埃及皇室是多么富有。
原来图坦卡蒙项圈上的12圈宝石这么美。
快看这象征法老与神同化的柱状胡须！
!
象征上埃及的秃鹫和象征下埃及的眼镜蛇，表示法老是全埃及唯一的统治者。
内梅什巾冠是传统王权的象征。
6 图坦卡蒙黄金宝座
图坦卡蒙法老的黄金宝座，木制镶金，点缀着奢华的宝石和银饰。
图坦卡蒙和王后的感情很好，椅背上的图案是王后在为法老涂抹香脂。
带翅膀的眼镜蛇保护着法老的名字。
咦？那是什么东西在发光？
?
为什么圣甲虫项链会发光？
手穿过玻璃了！
茉莉！
救命啊
展柜的玻璃消失了！圣甲虫项链发出更加刺眼的光芒，茉莉和高数被吸进了神秘的光圈中。
啊啊啊啊啊
哥哥，我想我们遇到了大麻烦！
这是怎么回事呀？别怕，我会保护你！

耀眼的光芒让人无法看清任何东西，眼前只剩白茫茫的一片。一阵眩晕之后，他们感觉自己的双脚重新落在了地面上。高数好不容易戴好自己的眼镜，却惊讶地发现茉莉竟然把博物馆展出的圣甲虫项链戴在了脖子上！
快摘下来！茉莉，你怎么可以乱碰文物？你会被警察抓起来的！
你先看看我们在哪里，再关注项链的事情吧！
高数这才发现他们面前竟是一条大河和一望无际的土地！
古埃及农民的生活
•古埃及的农民很辛苦，可他们收获的粮食大部分要交给法老和地主。
•他们使用有石刃的木制镰刀收割谷物。
•虽然不穿上衣，但是有时农民会戴头巾，防止风将谷壳吹到头发里。
看起来他们已经不在博物馆里了，茉莉拽着高数藏到树后观察着远处人们的穿着。
古埃及的房子什么样
•古埃及的房子通常用泥砖搭建。制作泥砖很简单，只需要将泥、麦秸、小鹅卵石混合，放到模具晒干即可。
•有些房屋还会在墙壁上涂上一层石膏。
•古埃及的房顶是平的，房顶就像是他们的另一个房间，可以用来贮藏物品。
不知道这些人是否友善，为了安全起见，我们还是先想办法藏起来吧！

伟大的尼罗河
在古埃及，一年中约有四个月，非洲中部高原的融雪和暴雨会让尼罗河的河水泛滥。洪水退去后，大地上会留下许多黑色的土壤。古埃及人便在肥沃的黑土地上种植大麦和小麦。
!!
河水泛滥
变成黑土地
大丰收
尼罗河中生活着许多鳄鱼，在尼罗河里游泳可不是一个明智的选择。
不是鳄鱼！有人溺水了，快救人！
啊！鳄鱼——
救命！
救命！
咦？这气泡是什么？难道有鳄鱼？！
我们搞些树枝，这样就能藏在树枝后面移动了！
抓狂
啊！身上都是泥巴，好恶心，我受不了呀！

虽然高数有点儿洁癖又很瘦弱，但此刻为了救人，他浑身充满了力气。
小心!
抓住棍子!
不慎落水怎么办
1 将头后仰，尽量使口鼻露出水面。
2 不能用力挣扎，以免使身体下沉。
3 要保持镇静，大声呼救。
4 会游泳的人如肌肉疲劳、肌肉抽筋也应采取上述自救办法。
!!!
未成年人如果看到别人落水，切记不要轻易跳下水救人，应请成年人帮忙，或将木棍、绳子、漂浮物等物品抛给落水者帮助其自救。
你怎么在这里溺水了?
我也不知道，我正在参观埃及博物馆，然后就溺水了。
啊！我裤子里有东西，好痒!
好痒!
痒!
茉莉和高数正想询问他更多信息时，小胖子的表情突然变得很奇怪。他一边尖叫，一边跳起奇奇怪怪的舞蹈。原来是一条埃及鲇鱼钻进了他的裤子里!
茉莉和高数手忙脚乱地帮小胖子捉鱼，全然没发现危险正在靠近……

拉神
太阳神
赛特
邪恶之神
荷鲁斯
秩序之神
托特
智慧之神
哈索尔
爱神
索贝克
力量之神
阿努比斯
亡灵之神
贝斯特
猫神
凯布利
日出之神
不知什么时候，岸边竟然停了一艘巨大的货船，从船上下来的古埃及人把他们团团围住，这些人看起来很不友善，情急之下，茉莉谎称自己是神的使者，希望能够逃过一劫。
我是凯布利神派来的使者！
茉莉的谎言成功了，古埃及人看到圣甲虫项链，变得毕恭毕敬，热情地将他们邀请到货船上。
茉莉，上船太危险了。

上船后，茉莉惊讶地发现船上竟然装载着还未制作完成的方尖碑。这让茉莉兴奋得忘了所有麻烦。
晕船怎么办
晕船、晕车也称为“晕动症”。可采取以下措施避免或缓解晕船：
1 坐船前保证充分休息。
2 提前服用预防晕船的药物。
3 坐直身体，使大脑内保持平衡状态。
4 选择坐在船震动较小的位置，例如船中部。
你叫茉莉吗？你好，我叫大强。
你能告诉我这到底是怎么回事吗？
我们得想办法逃走。
我的天哪！船上竟然有方尖碑。
对不起，打断一下
啊！
我想我晕船了，呕……
求你了，先生，给我一片晕船药！
你们还不明白吗？我们在古埃及！
这艘船一定是开往某个神庙的！
方尖碑是什么
方尖碑是古埃及文明代表建筑物，古埃及人雕刻方尖碑来歌颂法老和众神。
方尖碑一般以整块的花岗岩雕成，重达百吨，它的四面均刻有象形文字。
开凿和竖立方尖碑是一项艰巨工程，因此方尖碑也是埃及帝国权威的象征。
这些人就是我们要迎接的监工吗？

不幸的大强晕船了，听到他呕吐的声音，一位看起来地位不一般的中年男人从船舱走了出来，他对神的使者表示了欢迎，并热情地请大强到船舱里接受治疗。
哥，你必须想办法阻止他们。
古埃及的医疗手段大强适应不了的，会越治越严重！
我的名字不是“先生”，我叫伊姆。
请跟我去船舱里治疗。
有药，我有药！请你不要治疗他！
救命！
住手——
哦哦哦——
古埃及的医学
• 古埃及医生会用很多令人惊讶的材料制作药品，比如苍蝇、蜥蜴、动物的粪便等。
• 古埃及人已经掌握了很多疾病的治疗方法，还能进行外科手术。
• 古埃及人认为人生病是因为有邪灵作祟，所以他们也常常会求助巫医，利用符咒、护身符等物品祈求神灵来治病。
高数突然想起自己兜里就有晕车药！他装作仆从的样子恭敬地把药递给茉莉。茉莉将药片赏赐给大强后，趾高气扬地带走了他。
这是神赏赐的神药。

卢克索神庙位于古埃及都城底比斯遗址的南部，是埃及最著名的神庙遗址群之一。
很快，船靠岸了。茉莉猜对了，这艘巨船的目的地正是修建中的卢克索神庙！
卢克索神庙紧邻卡纳克神庙，两座神庙由一条长达2000多米的斯芬克斯大道相连，道两侧排列着巨大的斯芬克斯石像。
原本卢克索神庙塔门前伫立着两座方尖碑。1830年，其中一座方尖碑被运往巴黎，现在位于巴黎协和广场。
看来我们真的来到古埃及了，这怎么可能？天哪！
这些人如果发现我们不是神的使者我们就完了，得快点儿跑！
太壮观了，我必须要去里面看看！
别客气！

工匠的工种
修建陵墓和神庙需要凿石工、雕刻师、画师、木工、金属技工等许多工种。很可惜，这些工匠几乎都没有留下任何个人信息。
柱廊中，束状纸莎草图案的圆柱高大雄伟，上面雕绘着精细的图腾花纹。
嗯，这图纸画得很好，不过似乎缺了点儿什么。
厨房呢？你们没有画厨房！
危险！下来！
原来伊姆是修建卢克索神庙的工匠，她把茉莉等人错认成了法老派来的监工。参观完神庙，伊姆提出要带茉莉去见书吏。
我们不能去见书吏，我们得想办法逃走，书吏会写字！
那又怎么样？我也会写字。
你会写古埃及的字吗？如果书吏让我们写字，我们的谎言就会被戳穿！
书吏是谁
• 在古埃及，大多数人不会写字。会写字的书吏被认为是得到了神赋予的力量。
• 一些书吏为政府工作，负责征税记录等工作，有些书吏则在神庙里清算祭品，摘抄文献。
• 书吏是非常重要的上层人士，他们生活优越，甚至有书吏后来成了法老。

茉莉再也没有心情游览神庙了，她必须想出逃跑的办法。古埃及的烈日十分毒辣，没走一会儿，他们已经汗流浃背。大强根本不在乎书吏会不会识破谎言，他只知道他快要热死了。
古埃及人的衣服
埃及是一个炎热的国家，当奴仆、农民、工人劳动的时候，他们不在乎穿不穿衣服。孩子们也喜欢光着身子到处跑。在这里，贵族可以穿精美的亚麻衣服，劳工们通常只能穿粗糙的腰布。
你们能不能等等我？我好晕，没有力气了。
中暑的症状
头晕
头痛
几个好心的工人帮茉莉把大强抬到了尼罗河边。
谢谢，你们可以走了，我要开始与神交流了。
好的，尊贵的使者！
缓解中暑症状的措施
1 脱离高温环境。
2 在通风阴凉处平卧休息。
3 松解衣服。
4 用湿毛巾擦拭身体，进行物理降温。
5 喝清凉的水，最好是盐水。
6 服用十滴水等药物，在太阳穴涂抹风油精。
7 严重中暑者应立刻送医。
我好多了，高数大哥真厉害！

大强？！
嘭！
面色潮红、大量排汗，他可能是中暑了！
有办法了！
我收到了凯布利神的指示，作为神的使者，我现在需要带大强找一个安静且有水的环境与神沟通！
口渴
多汗
全身疲乏
心悸
注意力不集中
动作不协调
体温正常或略有升高
经过一番紧急处置，大强感觉好多了。三人抓紧时间研究项链，希望能找到返回博物馆的办法。
砸碎它！
不要哇
快住手
就在三个人专心研究项链时，巨大的黑影笼罩在他们头顶。是伊姆带着工人追来了！难道他们识破了茉莉的谎言？
幸好有惊无险，原来书吏有事临时离开了，伊姆只是来询问茉莉是否愿意跟他回家吃饭。
虚惊一场
吃饭第一！

伊姆的家位于一处山谷，茉莉根据卢克索神庙的位置推测出这里正是修建王室陵墓的工匠聚居地工匠之村——麦地那。
工匠之村大约有70户人家，这座村庄的四周几乎什么也没有，食物和水都要从外面运输到村中。
真没想到这村子里有这么多人，好热闹哇！
可以让我尝尝吗？
喵
这是我的妻子和我的女儿奈特。
尊贵的客人，我为你们准备了晚餐。
嚼嚼
•工匠村的房子是用石头和泥砖建造而成的，墙面粉刷成白色，房屋面积一般有70~100平方米。
伊姆一家为茉莉等人准备了丰盛的晚餐。大家有说有笑，非常开心。
•古埃及人吃饭时不需要使用筷子、叉子之类的餐具，而是直接用手抓着吃。
喵呜——
•古埃及人不太重视家具。富有的家庭才会使用椅子。垫子可以作为床，也能当椅子用。
古埃及的食物
•小麦和大麦是古埃及人的主要作物。古埃及的面包非常硬，所以古埃及人的牙齿通常磨损得很厉害。
我的牙！
•椰枣、无花果、葡萄、石榴都是很受欢迎的水果。

• 用黏土制成的罐子、盘子非常实用。
吃完饭，奈特恳请茉莉为自己写下祝福的字。茉莉不会写古埃及文字，想要拒绝奈特的请求。
啊？这恐怕……
我不能……
• 木头很昂贵，如果家里拥有一个木制的矮桌，可以说明这家的生活水平很不错。
谁知大强抢过棍子写下了三个字。
纸莎草纸
纸莎草是一种植物，古埃及人用它的茎制作纸莎草纸。制作纸莎草纸的方法如下：
1 将纸莎草茎的外皮剥掉。
2 将内茎切成薄片。
3 将这些薄片码放成互相垂直的两层。
4 覆盖一层亚麻布。
5 用石块或木槌敲击，直到两层薄片合成一片。
幸好高数反应快，迅速销毁了大强写的简体汉字，如果让奈特看到，他们的谎言就会被戳穿！
• 牛肉非常昂贵，只有富人才吃得起。普通人偶尔可以吃到羊肉、猪肉、鱼肉等。
• 孩子们能喝到牛奶。由于当时的啤酒度数非常低，有些孩子也喝啤酒。
古埃及的文字
古埃及人用画简笔画的方式描摹物体的形象，组成一个个文字符号，称为“象形文字”。
同时期中国的文字
古代中国使用一种叫“甲骨文”的象形文字。这些文字通常刻在动物的骨头或乌龟的壳上。

三人走出房子，蹲在墙脚研究着如何离开这里。高数将一根细细的木棍插在地上，试图通过木棍影子所指的方向推测出现在的时间。大强则被面包的香味儿吸引了。
日晷
日晷的原理是利用影子投出的方向和长度来测定并划分时刻。公元前3000年，古埃及人把昼夜各分为12时。中国在西汉时，就已经使用日晷来计时。
好香的味道
香味儿是从那边传来的！
烤面包！
大强为什么要跑？
有人追他。
难道他……
闯祸了！
等等！我们的衣服太醒目了，换衣服！
快追，我们去救大强！

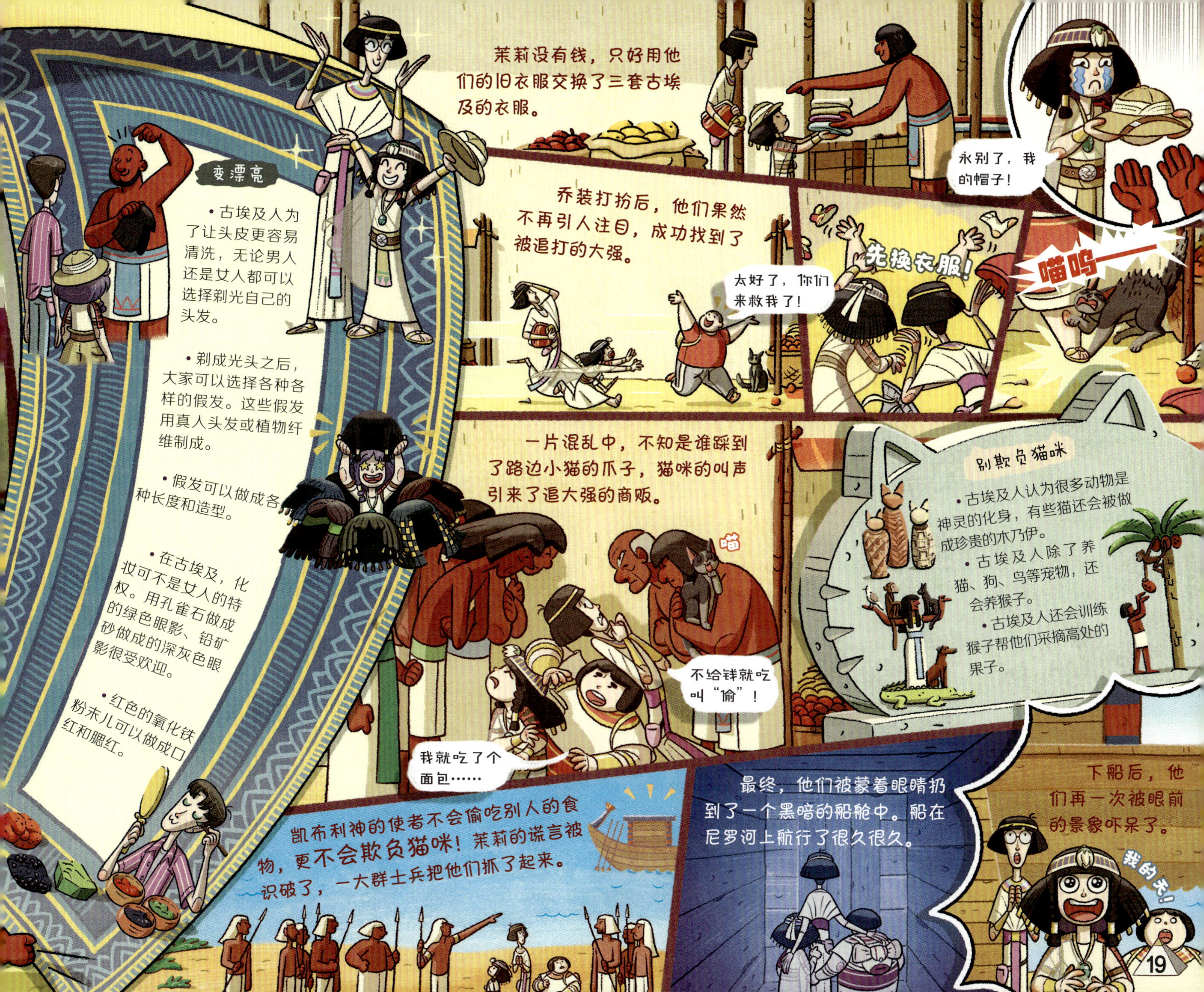

茉莉没有钱，只好用他们的旧衣服交换了三套古埃及的衣服。
永别了，我的帽子！
变漂亮
•古埃及人为了让头皮更容易清洗，无论男人还是女人都可以选择剃光自己的头发。
•剃成光头之后，大家可以选择各种各样的假发。这些假发用真人头发或植物纤维制成。
•假发可以做成各种长度和造型。
•在古埃及，化妆可不是女人的特权。用孔雀石做成的绿色眼影、铅矿砂做成的深灰色眼影很受欢迎。
•红色的氧化铁粉末儿可以做成口红和腮红。
乔装打扮后，他们果然不再引人注目，成功找到了被追打的大强。
太好了，你们来救我了！
先换衣服！
喵呜——
一片混乱中，不知是谁踩到了路边小猫的爪子，猫咪的叫声引来了追大强的商贩。
喵
别欺负猫咪
•古埃及人认为很多动物是神灵的化身，有些猫还会被做成珍贵的木乃伊。
•古埃及人除了养猫、狗、鸟等宠物，还会养猴子。
•古埃及人还会训练猴子帮他们采摘高处的果子。
不给钱就吃叫“偷”！
我就吃了个面包……
凯布利神的使者不会偷吃别人的食物，更不会欺负猫咪！茉莉的谎言被识破了，一大群士兵把他们抓了起来。
最终，他们被蒙着眼睛扔到了一个黑暗的船舱中。船在尼罗河上航行了很久很久。
下船后，他们再一次被眼前的景象吓呆了。
我的天！

吉萨金字塔是一个金字塔群的总称，其中法老胡夫的金字塔是现存规模最大的金字塔，被誉为“世界七大奇迹之一”。
眼前竟然是大名鼎鼎的吉萨金字塔！这片金字塔群看起来已经修建好很久了。
金字塔的演变史
金字塔最初并不是现在的样子。
随着时间的流逝，金字塔的“白色石块外衣”有的丢失了，有的剥落了。
1 起初，人们只是把法老的遗体放在一种用泥砖做成的墓室中，称为玛斯塔巴。
2 后来，为了突显法老的伟大，人们又设计出了六层的阶梯式金字塔。
3 在此之后还出现了曲折金字塔，它的样子已经非常接近我们现在看到的金字塔。
4 最后，经过漫长的演变，金字塔变成了四面都呈等边三角形的样子。
胡夫金字塔塔身由200多万块巨石堆砌而成，修建这座金字塔用了20年的时间，每年都有数万人参与金字塔的修建工作。

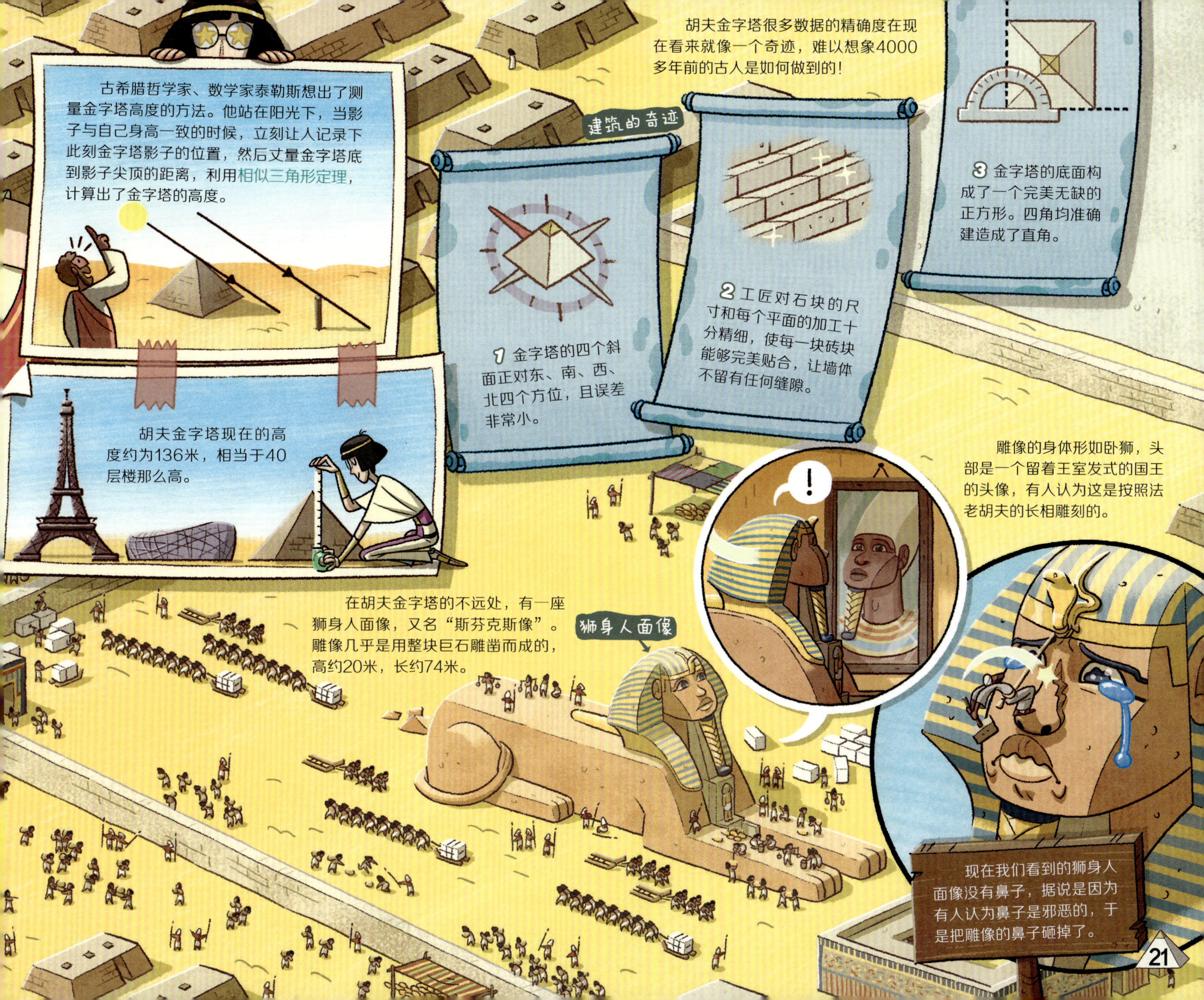

古希腊哲学家、数学家泰勒斯想出了测量金字塔高度的方法。他站在阳光下，当影子与自己身高一致的时候，立刻让人记录下此刻金字塔影子的位置，然后丈量金字塔底到影子尖顶的距离，利用相似三角形定理，计算出了金字塔的高度。
胡夫金字塔现在的高度约为136米，相当于40层楼那么高。
胡夫金字塔很多数据的精确度在现在看来就像一个奇迹，难以想象4000多年前的古人是如何做到的！
建筑的奇迹
1 金字塔的四个斜面正对东、南、西、北四个方位，且误差非常小。
2 工匠对石块的尺寸和每个平面的加工十分精细，使每一块砖块能够完美贴合，让墙体不留有任何缝隙。
3 金字塔的底面构成了一个完美无缺的正方形。四角均准确建造成了直角。
在胡夫金字塔的不远处，有一座狮身人面像，又名“斯芬克斯像”。雕像几乎是用整块巨石雕凿而成的，高约20米，长约74米。
狮身人面像
!
雕像的身体形如卧狮，头部是一个留着王室发式的国王的头像，有人认为这是按照法老胡夫的长相雕刻的。
现在我们看到的狮身人面像没有鼻子，据说是因为有人认为鼻子是邪恶的，于是把雕像的鼻子砸掉了。

巨大的狮身人面像近在眼前，
不过雕像的后腿处破损严重。
他们似乎是被抓来
修复狮身人面像的。
你们负责运
送石头！
修复狮身人面像的第一步就
是要搬运砖石。三个人犯起了
愁，没想到一块砖这么大，这要
怎么移动呢？
只有外星人
才能搬动！
我们可以利
用圆木来减
小摩擦力。
高数利用圆木制作了一
条“轨道”，这让挪动巨石变
得容易了一些。
在平地上前进
都这么艰难，
怎么爬坡呀？
呼！
呼！

从天亮拉到天黑，他们累得满头大汗，石块仅仅前进了几米。
我们得想办法逃走，不然很快我们就会被“累死”的！
幸好坍塌的不是金字塔，不然还要修建坡道。
三角形是最稳定的结构，再加上这些坚固的巨石，即便地震也很难让金字塔坍塌。
正当茉莉等人想偷偷溜走的时候，他们被监工的士兵发现了。
也许可以螺旋式前进，这样坡度就会减小很多，不过要走的路就会变长了。
用力！
咿呀！
比起搬石头，我宁愿被关进监狱！
啊啊啊啊！

深夜，看守笼子的士兵睡着了，他们趁机逃了出去。
三个人蹑手蹑脚地逃跑，路过金字塔的时候，茉莉发现金字塔的侧面竟然有一个洞！这对茉莉来说简直是千载难逢的好机会！
为了防止盗墓贼进入金字塔，金字塔的入口通常非常隐蔽。尽管如此，几乎所有著名的金字塔还是被洗劫一空。经过考古挖掘获得的珍贵文物只是非常少的一部分。
法老墓室
入口
王后墓室
地下墓室
太好了！我们可以去金字塔里面看看了。
天哪，我们正在逃亡，你却想去参观金字塔！
走吧！我们不能让她一个人进去。
走这条路，我见过胡夫金字塔的内部构造图。
走上坡路就会到达王后和法老的墓室。
法老不会喜欢被人打扰的，我们走吧！

• 法老是古埃及的王，金字塔则是法老的陵墓。法老死后，遗体会被制作成木乃伊，然后送入金字塔中。
木乃伊，我来了！
• 对古埃及人来说，死亡并不代表结束，而是要到冥界开始新的生活。
你倒是管管她呀！
不想也得去！快点儿走吧！
• 为了让死后的生活更美好，富人的陵墓或墓穴通常有精美的壁画和大量的陪葬品。
我才不想看见木乃伊呢！
• 在一些陵墓或石棺内，可以找到供“亡灵”阅读的《亡灵书》。又称“死者之书”。内容大多是赞颂神明，诅咒魔鬼，祈祷亡灵在冥国生活幸福。
你不想见见法老的宝藏吗？还有传说中的木乃伊！
好黑呀，我们回去吧！
神秘的中国马王堆汉墓
1972年，在中国的马王堆汉墓中发现一具2000多年前的女尸，出土时全身皮肤润泽，甚至有些关节还能活动，这是防腐学上的奇迹。
与金字塔相反，马王堆汉墓是一个深埋地下的斗形坑穴。墓底和椁室周围都塞满木炭和白膏泥，封固严密，形成了一个高标准的恒温、恒湿、缺氧、无菌的环境。
墓主尸体放在四层棺椁之内。女尸出土时，浸泡在无色透明棺液中。这种棺液具有微弱的抑菌、杀菌作用。

不知道走了多久，三个人终于来到了一个房间。这里正是存放木乃伊棺椁的地方！此刻房间里一片混乱，很多陪葬品散落在地上。
那里面有木乃伊吗？
看来，已经有盗墓贼来过了！
为了防止木乃伊腐败或损坏，木乃伊通常会被放入棺椁中。死者的地位越高，棺椁的层数越多。法老的棺椁有好几层，最里层的棺椁通常用黄金打造。
T型十字章
圣甲虫
木乃伊身上还会放置一些护身符。常见的护身符图案有荷鲁斯之眼、圣甲虫等。
荷鲁斯之眼

这四个罐子中存放着逝者的内脏。内脏也经过了防腐处理，因为古埃及人认为逝者在冥界中仍然需要它们。
为了不让逝者在冥界辛苦工作，古埃及人还会为逝者制作侍女、士兵等雕像，希望它们可以在冥界服侍逝者。
木乃伊制作步骤
1 清洁遗体。
2 取出胃、肝、肺、肠等内脏，进行防腐处理后放入罐子保存。
3 在遗体上涂抹泡碱粉或倒入特制防腐液，几十天后取出。
4 用香油等香料进一步处理遗体。然后用亚麻布裹紧遗体，一边裹一边放入护身符。
听！有声音？
嘘，别出声。很有可能盗墓贼还没有离开！
茉莉的话音刚落，几道身影就从角落的杂物堆冲了出来！
木乃伊爷爷，我是好人，不是盗墓贼！
小偷儿！站住！
无所畏惧的茉莉扑倒了盗墓贼。看守金字塔的士兵听到声音也及时赶来。前有士兵，后有茉莉，盗墓贼无路可逃。
茉莉！
哎哟
咔！

图坦卡蒙是谁

图坦卡蒙可以算得上是“知名度”最高的法老了，这并不是因为他有什么伟大的功绩，而是因为他的陵墓是古埃及陵墓中少数未曾被盗的陵墓之一。

图坦卡蒙的宝藏

图坦卡蒙的墓中随葬品数以千计，包括家具、雕像、武器、王杖、包金战车等。很多陪葬品都收藏在埃及博物馆中。

图坦卡蒙的诅咒

1922年，英国考古学家卡特在帝王谷发现了图坦卡蒙陵墓的入口。陵墓中有几千件奇珍异宝。

一些陪葬品上用古埃及文字写有“盗墓者会受到诅咒”的字样。不久之后，一位参与发掘图坦卡蒙陵墓的工作人员突然去世。当时很多人怀疑法老的诅咒是真实的。

纸莎草小船做好了，三个人登上小船，船比预想的还要结实、稳固。虽然他们谁也不知道能否在帝王谷找到回家的办法，但还是坚定地向前划行着……
我们需要沿着尼罗河一直走，让我们用纸莎草来造艘小船吧！
这个我擅长！
帝王谷还有许多古老的陵墓。
帝王谷也太可怕了，我们能不能往博物馆的方向划？
图坦卡蒙的诅咒其实是谣言。卡特并不是因“诅咒”而去世。
古埃及船的种类
尼罗河是连接古埃及各个城市的交通要道，船则是古埃及人最常用的交通工具。不同的船型有不同的功能。
纸莎草船
运输船
陪葬船
单桅渔船
好困
撞啦
太阳升起、太阳落下、太阳又升起、太阳又落下，不知道过了多少天，他们终于来到了帝王谷。
救命啊
帝王谷……怎么这么远哪！

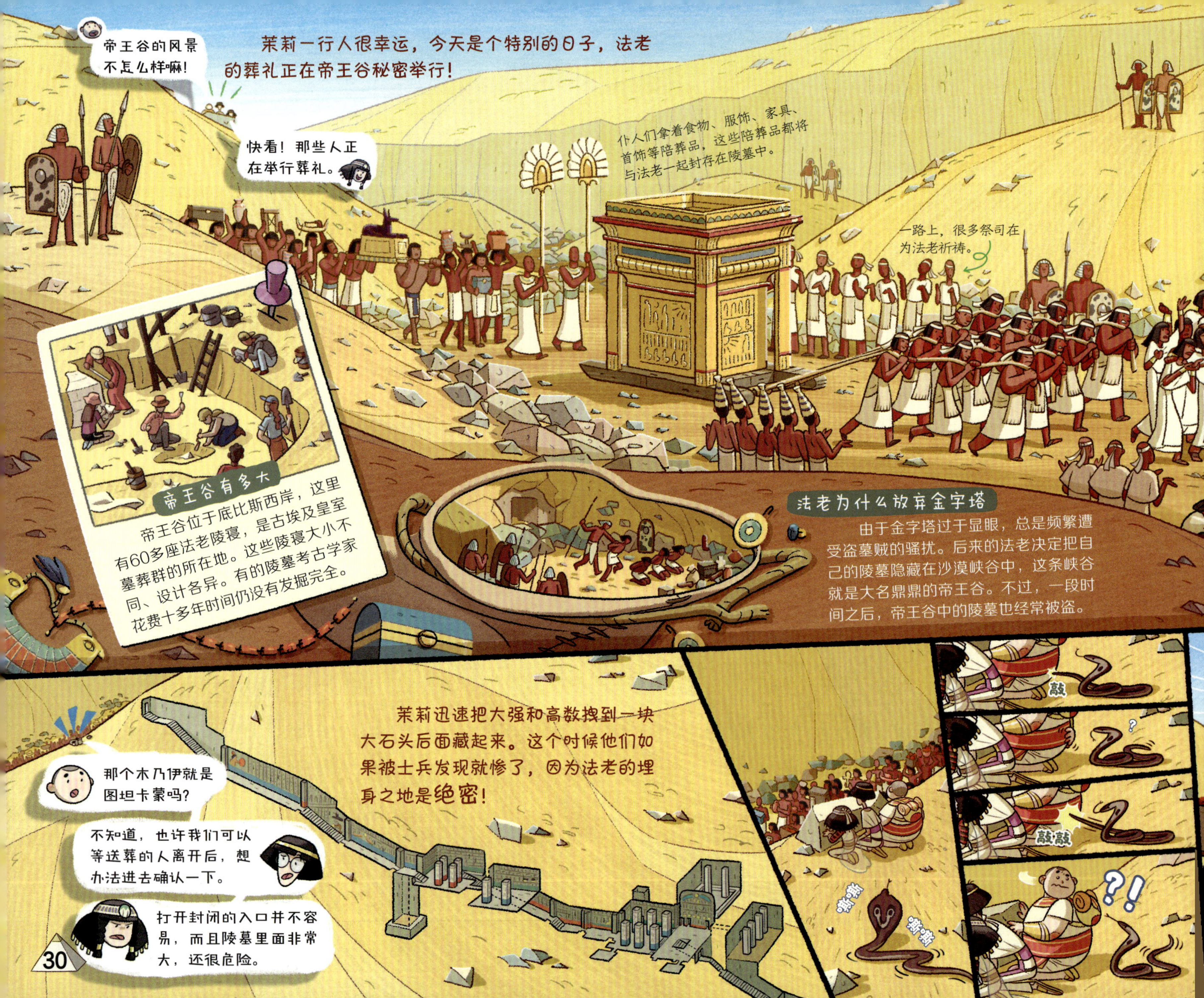
帝王谷的风景
不怎么样嘛！
茉莉一行人很幸运，今天是个特别的日子，法老的葬礼正在帝王谷秘密举行！
快看！那些人正在举行葬礼。
仆人们拿着食物、服饰、家具、首饰等陪葬品，这些陪葬品都将与法老一起封存在陵墓中。
一路上，很多祭司在为法老祈祷。
帝王谷有多大
帝王谷位于底比斯西岸，这里有60多座法老陵寝，是古埃及皇室墓葬群的所在地。这些陵寝大小不同、设计各异。有的陵墓考古学家花费十多年时间仍没有发掘完全。
法老为什么放弃金字塔
由于金字塔过于显眼，总是频繁遭受盗墓贼的骚扰。后来的法老决定把自己的陵墓隐藏在沙漠峡谷中，这条峡谷就是大名鼎鼎的帝王谷。不过，一段时间之后，帝王谷中的陵墓也经常被盗。
茉莉迅速把大强和高数拽到一块大石头后面藏起来。这个时候他们如果被士兵发现就惨了，因为法老的埋身之地是绝密！
那个木乃伊就是图坦卡蒙吗？
不知道，也许我们可以等送葬的人离开后，想办法进去确认一下。
打开封闭的入口并不容易，而且陵墓里面非常大，还很危险。
敲
?
敲敲
?!

送葬
法老的木乃伊制作完成后，准备安葬尸体时，长长的送葬队伍会带着各种要与法老一起封存起来的陪葬品来到帝王谷。祭司将会按照严格的流程举行神圣的仪式。当法老的木乃伊进入陵墓，陵墓的入口就会被封闭，以免有人打扰法老的长眠。
呜呜
伤心
送葬队伍中的妇女们要大声哭泣，以此来表达对法老的不舍和尊重。
在法老的木乃伊进入陵墓前，祭司还会打扮成神的样子，进行一项神秘的仪式。
有蛇呀！
大强的喊声彻底暴露了他们的位置。很快，士兵们蜂拥而来。
追兵太多了！
别怕，有我在
士兵包围了他们，就在这千钧一发的危急时刻，莱莉的项链再次发出了耀眼的光芒！
这光芒跟博物馆里的一样！

刺眼的光芒之后，茉莉惊讶地发现自己竟然站在博物馆中，身上的古埃及衣服也消失了。
?
天哪，我们做到了，我们回来了！
大强呢？
谁是大强？你在说什么？
看起来高数似乎并没有关于古埃及的记忆。这是怎么回事？茉莉怀疑自己产生了幻觉，于是她冲到展柜前仔细观察那条项链。
这条裂痕是之前盗墓贼砍的那一条！这一切不是幻觉。
茉莉和高数走出博物馆的时候太阳已经快要落山了，茉莉停下来看着美丽的夕阳，之前发生的一切变得越来越像一场梦。
突然她被撞了一下。
哎哟
对不起，对不起。我不是故意的。
你不记得我吗？
记得！
今天在博物馆里我遇到过你！
他也不记得
你不开心吗？吃个包子，保证你会变开心！

重新和大强成为朋友的感觉真好，茉莉发现有没有回到古埃及并不重要，重要的是她没有丢掉大强这个好朋友。她和哥哥、大强约好了，下一次他们要一起旅行。
叽叽
喳喳

透过壁画看古埃及

壁画展现了古埃及贵族的私家花园，花园里种满了花草树木，池塘里盛开着莲花，鱼、鹅、鸭在水中游来游去。

这是《亡灵书》中的一幅图画。阿努比斯正在称量亡灵之心，智慧之神托特在一旁记录。

从这幅古老的壁画中，可以看到古埃及人的服装款式。画中，男人站在芦苇船上，正在捕捉沼泽里的飞鸟和游鱼，他的猫正叼着猎物邀功。

茉莉的古埃及笔记

古埃及有着众多的神庙，这和他们对于神的崇敬以及奇妙的神文化息息相关。阿布辛贝神庙坐落于纳赛尔湖西岸，由依崖凿建的牌楼门、巨型的拉美西斯二世的石质雕像、前后柱厅以及神堂等组成。

门农巨像是矗立在尼罗河西岸的两座岩石巨像。它们是阿蒙霍特普三世陵墓前的雕像，但现在神殿已经消失，只剩下两尊巨像。虽然时光流逝已使其面目全非，从其规模仍可洞悉昔日风采。

卡纳克神庙建筑群用了1300年陆续建造而成，位于卢克索神庙的北边。卡纳克神庙建筑群中最著名的是百柱厅。

尼罗河全长超过6000千米，河水的涨落为古埃及带来了富含养料的泥土，滋养了古埃及的原始农业。除此之外，古埃及的许多神话、风俗都与尼罗河有关。

古埃及的法老们都特别热衷“造像运动”，以这种方式来标榜自己的战功或是显示王权的神圣。拉美西斯二世则将这种“运动”发展到了极致。

古埃及文字之谜

石头会说话吗？是的，石头“会说话”。1799年拿破仑远征埃及时，在尼罗河口的罗塞塔附近发现了一块石碑。

罗塞塔石碑上的碑文用古埃及象形文、俗体文和古希腊文三种文字体系雕刻而成，且内容一致。这块石碑成了后来人们破译古埃及文字的钥匙。

1822年，年仅32岁的法国人商博良成功破译了古埃及象形文字。

古埃及象形文字的书写方式有直式和横式两种。直式是从上往下写；横式是从左向右或从右向左写。区别左右书写的方向是根据象形文字所表现的物体形象面向何方。

圣书体用于比较庄重的场合，多见于神庙、纪念碑和金字塔的铭文雕刻。

因为古埃及人开始在纸莎草纸上写字，比圣书体更简便的僧侣体流行起来。

世俗体是文字在古埃及得到发展和普及后对僧侣体的简化。

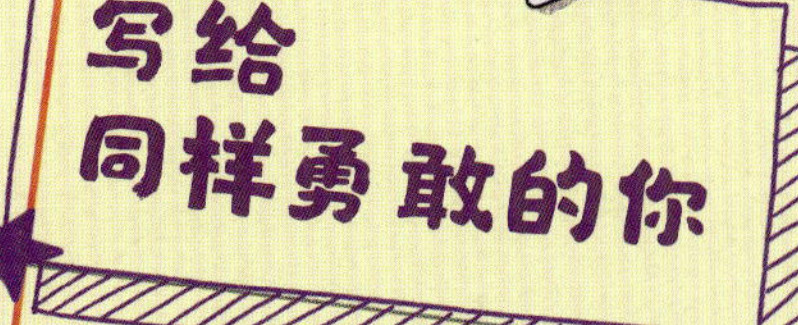

写给同样勇敢的你

说实话，我现在有些怀疑在古埃及发生的一切是一场梦。

还在修建中的卢克索神庙、有鼻子的狮身人面像、壮观的胡夫金字塔……这一切都震撼得让人难以相信。

虽然这次和哥哥的埃及之旅很快就结束了，但是我会继续研究古埃及，积攒更多的知识。等我长大了，我一定会再去一次埃及博物馆。也许，还会发生什么意想不到的神奇事件！毕竟，知识可以改变一切。

我勇敢的朋友，如果你也想拥有一场奇幻冒险，听我的，多读书准没错！

对了，还记得大强吗？我们现在成了好朋友。很遗憾，他还是不喜欢古埃及。不过，他最近痴迷研究中国的三星堆，听说这学期他的历史还考了100分呢！

茉莉

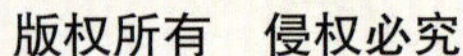

图书在版编目（CIP）数据

环球探险记. 重返古埃及 / 日知图书编著. — 长春: 北方妇女儿童出版社, 2024.1（2024.6重印）

ISBN 978-7-5585-7956-1

Ⅰ. ①环… Ⅱ. ①日… Ⅲ. ①探险－埃及－古代－儿童读物 Ⅳ. ①N8-49

中国国家版本馆CIP数据核字(2023)第222739号

环球探险记
重返古埃及

HUANQIU TANXIAN JI　CHONGFAN GU AIJI

出版人　师晓晖
策划人　师晓晖
责任编辑　王丹丹
整体制作　北京日知图书有限公司
开　本　640mm × 1010mm　1/12
印　张　3
字　数　50千字
版　次　2024年1月第1版
印　次　2024年6月第2次印刷
印　刷　鸿博睿特（天津）印刷科技有限公司
出　版　北方妇女儿童出版社
发　行　北方妇女儿童出版社
地　址　长春市福祉大路5788号
电　话　总编办：0431-81629600
　　　　发行科：0431-81629633
定　价　24.60元